AF460621

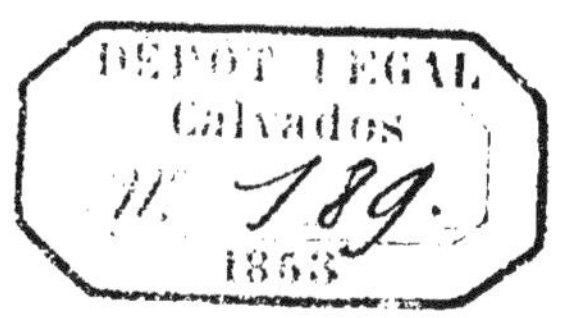


# NOTES PALÉONTOLOGIQUES

PAR

**M. EUGÈNE DESLONGCHAMPS,**

PRÉPARATEUR DE GÉOLOGIE A LA FACULTÉ DES SCIENCES DE PARIS.

1er ARTICLE

CONTENANT :

1°. Sur l'*Archæopteryx lithographica*, ou oiseau fossile de Solenhofen ; — 2°. Sur la nature des *Aptychus* ; — 3°. Sur une nouvelle espèce de *Peltarion* ; — 4°. Sur une nouvelle espèce d'*Oscabrion* du lias ; — 5°. Sur des *Patellidées* et *Bullidées* nouvelles des terrains jurassiques.

CAEN,
Chez A. HARDEL,
Imprimeur-libraire,
RUE FROIDE, 2.

PARIS,
Chez SAVY,
Libraire-éditeur,
RUE HAUTEFEUILLE, 24.

1863

*Extrait du VIIIe. volume du Bulletin de la Société Linnéenne de Normandie.*

# NOTES
# PALÉONTOLOGIQUES.

## I. SUR L'*ARCHÆOPTERIX LITHOGRAPHICA*, OU OISEAU FOSSILE DE SOLENHOFEN.

Pl. II.

Depuis quelque temps, les journaux scientifiques ont entretenu le public de la découverte des débris d'un animal très-singulier, qui possédait une longue queue garnie de plumes allongées et des ailes comme un oiseau. Cette découverte a eu lieu à Solenhofen (Bavière), dans ces calcaires, dépendant du coral-rag, si connus par leur usage comme pierre lithographique et par les magnifiques exemplaires d'animaux qu'ils renferment (1).

(1) Ces calcaires schisteux lithographiques renferment, comme on sait, un nombre prodigieux de pièces paléontologiques remarquables, surtout parce que les animaux y sont complets et d'une conservation qui ne laisse rien à désirer. Nous citerons, entre autres, des Bélemnites avec leurs cornets entiers, des Astéries, des Comatules où les plus petites divisions de ces fleurs animales sont conservées dans leurs plus

Dès le premier moment de cette découverte (septembre 1861), les restes de ce singulier animal attirèrent l'attention, et M. H. de Meyer lui donna le nom d'*Archæopterix lithographica*, c'est-à-dire volatile du calcaire lithographique ; ce nom, comme on le voit, avait l'avantage de laisser dans un doute prudent l'analogie de cet animal avec les différentes classes de vertébrés ; et en effet, ses caractères anatomiques forment un ensemble très-singulier et qui mérite un profond examen.

La même année, M. A. Wagner, dans les *Sitzunsberitchte* de l'Académie de Munich, lui imposait le nom de *Griphosaurus problematicus*, c'est-à-dire de Saurien énigmatique. M. Wagner regardait donc ces débris comme ayant appartenu à un reptile tout-à-fait anormal et garni de plumes ; mais, en jetant les yeux sur l'animal, on voit que rien ne peut autoriser une pareille supposition, la patte, la fourchette, les ailes, le sternum, appartenant de toute évidence à un oiseau ; la queue, avec ses 20 vertèbres, pouvait seule autoriser un pareil rapprochement, que tous les autres caractères viennent démentir.

Aussi M. Owen, en 1862, change ce nom de *Griphosaurus* en celui de *Griphornis longe-caudatus*, ou OISEAU ÉNIG-

fins détails, des Libellules et autres insectes, un nombre prodigieux de crustacés macroures, de poissons, de reptiles, parmi lesquels il faut placer en première ligne les Ptérodactyles et les Ramphorhynques : ces reptiles si curieux qui volaient ou du moins pouvaient se soutenir dans les airs au moyen du parachute naturel formé par le doigt externe de leur main, dont les phalanges allongées, comme celles de la chauve-souris, soutenaient une membrane attachée sur les parois du corps et enveloppant les pattes postérieures. On trouve aussi, à ce niveau, une grande quantité d'*Aptychus*, corps sur la nature desquels on discute encore aujourd'hui, les uns les regardant comme des cirrhipèdes, les autres comme des coquilles bivalves, d'autres enfin comme des débris de céphalopodes, et sur lesquels nous donnerons notre opinion à la suite de cet article.

MATIQUE A LONGUE QUEUE. Cette dénomination est bien plus conforme à la vérité ; mais on ne peut la conserver, puisque le nom d'*Archaopterix lithographica* est le premier en date et qu'avec sa vague signification, il a encore l'avantage de rappeler, par sa désinence, une série tout entière d'oiseaux des plus singuliers, animaux antédiluviens qui, par hasard, continuent à habiter notre globe, au milieu d'une faune et d'une flore bizarres paraissant être un reste de ces anciennes créations qui avaient précédé la venue de l'homme sur la terre. Nous voulons parler de l'*Apterix* de la Nouvelle-Zélande, dont les pattes ne sont pas sans rapport avec celles de l'oiseau de Solenhofen.

M. Henry Woodward, dans le n°. de décembre 1862 du journal *The intellectual Observer*, fit paraître un excellent article sur l'animal de Solenhofen qui venait d'être acquis par l'administration du *British Museum*. A ce mémoire était jointe une planche lithographiée, à trois teintes, que nous reproduisons ici.

Dans ce mémoire, M. Woodward rappelle les différentes pièces qu'on avait rapportées jusqu'ici à des oiseaux, et il est à peu près certain que toutes celles qui sont antérieures à la période tertiaire, doivent être rapportées à des reptiles. On a souvent pris pour des débris d'oiseaux des fragments de *Ptérodactyles* et de *Rhamphorhynchus* (1), qui ne sont que des Ptérodactyles avec une longue queue. Il en est de même du *Cimoliornis diomedeus* de la craie marneuse de Burham, qui doit être rapporté à un Ptérodactyle de grande taille.

Quant aux empreintes connues sous le nom d'*Ornitich-*

(1) Et cette erreur s'étale encore aujourd'hui avec complaisance dans les vitrines de la galerie paléontologique du Muséum de Paris, où un plâtre et plusieurs débris de *Rhamphorhynchus* portent intrépidement le nom d'oiseau.

*nites*, et qui ont été trouvées dans les dépôts triasiques, il reste encore de l'incertitude à ce sujet, et on n'a d'ailleurs retrouvé dans ces dépôts aucun débris qui puisse être rapporté avec certitude à des oiseaux.

Le plus ancien ossement authentique d'oiseau était donc le *Gastornis Parisiensis* du conglomérat de l'argile plastique de Meudon, appartenant aux dépôts des lignites du terrain tertiaire éocène (Suessonien, d'Orb.). A partir de ce moment, les oiseaux deviennent nombreux et on en a retrouvé d'abondants débris aux divers niveaux des terrains tertiaires.

La découverte de l'animal de Solenhofen vient donc d'assigner une bien plus grande antiquité à cet ordre de vertébrés, puisque le coral-rag appartient à la partie supérieure des terrains jurassiques. On se rappelle que dans cette période si remarquable ont aussi apparu les premiers mammifères, le *Microlestes antiquus* dans les couches les plus inférieures du lias, les *Phascalotherium* et *Thylacotherium* dans les couches oolithiques de Stonesfield, c'est-à-dire à la partie moyenne du système oolithique inférieur.

Quoi qu'il en soit, l'oiseau de Solenhofen, à peu près de la taille du Freux, était bien différent de nos oiseaux actuels : au lieu de présenter un coccyx très-raccourci autour duquel s'implantent les pennes de la queue en forme d'éventail, il montrait une série de 20 vertèbres, parfaitement distinctes sur les côtés desquelles s'inséraient de longues plumes, ce qui produisait une queue énorme ayant quelque ressemblance, mais pour la longueur seulement, avec celle du paon. M. Owen a fait à ce sujet une remarque très-curieuse. L'embryon de l'autruche offre aussi une série de 18 à 20 vertèbres caudales, qui bientôt s'atrophient et se réduisent : ainsi, chez l'*Archæopterix* l'état embryonnaire aurait, sous ce rapport, persisté pendant toute la vie de l'animal, et si on se reporte à ce fait que les premiers mammifères sont des marsupiaux, c'est-à-dire les moins élevés dans l'échelle, on y verra un exemple nouveau et frappant de cette loi que la nature s'est imposée généralement dans ses créations nouvelles, à savoir de procéder du simple au composé et de former tout d'abord, lorsqu'elle crée un type nouveau, un être imparfait dont les suivants arriveront peu à peu au degré de perfection où nous les voyons à notre époque.

On a, comme nous l'avons vu en commençant, hésité sur la place zoologique de l'*Archæopterix.* La queue, très-longue, composée de 20 vertèbres grêles, ne convient guère à ce que nous sommes habitués de voir dans un oiseau; mais le pied et surtout les longues plumes qui garnissent cette queue, les os des membres, du bassin, de la fourchette, les ailes également fournies de longues plumes, tout indique un oiseau et non un reptile. Les os des ailes, très-bien conservés, ne peuvent laisser aucun doute à ce sujet. Cette aile était garnie d'un éperon analogue à celui de l'*Oie armée*, du *Kamichi*, du *Vanneau armé*, etc.; mais l'éperon était bien plus court, recourbé, affectant la forme à peu près des crochets de la chauve-souris.

Quant aux ongles des pieds, ils sont recourbés et très-renflés à leur base; ils offrent beaucoup de ressemblance avec ceux des *Ptérodactyles* et des *Ramphorhynchus*, dont les restes proviennent du même gisement de Solenhofen : il est à croire que l'*Archæopterix* était un oiseau grimpeur et que ses ailes et sa queue lui donnaient une grande facilité pour planer et descendre comme en parachute. Son vol devait, sous ce point de vue, avoir quelque ressemblance avec celui des Ptérodactyles; mais il devait aussi pouvoir voler à tire-d'aile, ce qui me paraît impossible aux Ptérodactyles qui n'avaient pas de bréchet et, par suite, pas de ces puissants muscles pectoraux qui permettent seuls les grands mouvements de haut-vol.

Quoi qu'il en soit, la liste de ces animaux, qu'on pourrait appeler fantastiques, de la grande période jurassique s'accroît chaque jour, et nul doute que nous soyons encore destinés à voir apparaître de nouvelles formes d'êtres dépassant tout ce que les poètes ont pu rêver, où des combinaisons bizarres de caractères semblent relier entr'elles des familles séparées de nos jours par un hiatus immense.

Les *Ptérodactyles*, les *Ramphorhynchus*, l'*Archæopterix* semblent prouver que la nature n'avait pas encore, à cette époque, bien fixé le type reptile et le type oiseau. Les *Icthyosaures*, les *Plésiosaures*, les *Téléosaures*, nous offrent un ensemble de caractères qui paraissent contradictoires : le premier, une forme de cétacé avec une ostéologie de reptile et les yeux d'un oiseau ; le second, l'adaptation du serpent au corps d'un Saurien avec les nageoires d'un cétacé. Les *Téléosaures*, avec leur plastron et leur carapace, tendent à confondre les deux types *Chélonien* et *Crocodilien.*

En un mot, si nous avons vu, pendant la période paléozoïque, la nature hésiter entre le type reptile et le type poisson, nous voyons que durant la période jurassique, où le reptile règne en maître, elle s'essaie, pour ainsi dire, à former deux types nouveaux de vertébrés qui domineront à leur tour dans le cours des périodes postérieures.

Cette faune, si extraordinaire, n'est nulle part mise en évidence d'une manière plus complète qu'à Solenhofen ; les calcaires analogues du Bugey ne le cèdent en rien à ceux de la Bavière, et M. Jourdan, de Lyon, y a recueilli une foule de pièces des plus intéressantes, montrant que les animaux de l'est de la France ne le cédaient en rien à ceux de l'Allemagne, ni pour le nombre des espèces, ni pour l'originalité des formes, et dont les caractères bizarres, au premier aperçu, viennent bouleverser les idées reçues et mêler, pour ainsi dire, d'une manière inextricable toutes les familles de Sauriens.

L'illustre anatomiste Rich. Owen a depuis reproduit, dans le n°. de février 1863 des ***Annals and Magazine of natural history***, une description de notre oiseau, auquel il donne le nom d'***Archæopteryx macrurus***, et nous pensons qu'on lira avec intérêt la partie de l'introduction de ce travail qui traite des détails anatomiques et des homologies de ce curieux animal :

« Les parties visibles du squelette sont : la portion infé-« rieure de la fourchette, la portion gauche de l'os coxal, « 19 vertèbres en série naturelle, quelques côtes ou por-« tions de côtes, les deux omoplates, les humérus, les os « de l'avant-bras, quelques fragments des os du carpe et du « métacarpe, avec deux phalanges onguiculées appartenant « probablement à l'aile droite, les deux fémurs et les deux « tibias et les os du pied droit. Des empreintes de plumes « avec leurs tuyaux rayonnant en forme d'éventail de chacun « des carpes, et d'autres plumes divergeant par paires des « deux côtés d'une queue longue et grêle. Les parties ci-« dessus mentionnées indiquent que la taille de cette créa-« ture emplumée, et susceptible de voler, devait égaler à « peu près celle du ***Freux*** (1).

« Il résulte, de la comparaison des os avec leurs homo-« logues chez les différents oiseaux et Ptérodactyles, qu'à

(1) On a toutefois remarqué, à l'extrémité de la queue du *Rampho-rhynchus Curtimanus*, des stries dans la gangue, s'adaptant symétriquement aux dernières vertèbres, et on a regardé ces stries comme étant l'empreinte de tiges de plumes dont les barbes auraient disparu par la fossilisation. Je crois que ces traces se rapporteraient plutôt à des poils ou à d'autres matières cornées analogues. Il n'y aurait rien d'étonnant à ce que le corps et surtout l'échine d'un certain nombre de *Ramphorhynchus* auraient porté, à l'état de vie, des tubercules ou des épines cornées comme les Iguanes actuels, et qu'il y aurait eu de ces ornements jusqu'à l'extrémité de la queue.

« l'exception de la région caudale de la colonne vertébrale, « l'apparence d'une main bionguiculée et l'état moins con- « fluent des os du métacarpe, les parties conservées du « squelette de l'animal emplumé s'accordent avec les modi- « fications du squelette d'un vertébré, et que les principales « différences existent dans les parties du squelette les plus « sujettes à varier. Les vingt vertèbres caudales étendues « depuis le sacrum, en une série consécutive et dans leurs « rapports naturels, ressemblent, par leur structure et leurs « proportions, à celles d'un écureuil. Les plumes de la « queue sont rangées par paires, correspondant en nombre « avec les vertèbres, et divergent, en arrière, sous un angle « d'environ 45°, angle devenant plus aigu vers l'extrémité « de la queue. A la dernière paire, les plumes sont presque « parallèles et s'étendent de 3 pouces au-delà de la dernière « vertèbre caudale. Cette queue emplumée est de 11 pouces « de long, elle a 3 pouces 1/2 de largeur, et sa terminaison « est arrondie d'une manière obtuse. Ce caractère nouveau « et imprévu de la queue contraste avec la constance que « tous les oiseaux connus du monde actuel et de l'époque « tertiaire avaient toujours offerte, c'est-à-dire une queue « osseuse, courte, avec la modification terminale, pour « beaucoup d'entr'eux, d'un os en forme de soc de charrue.

« Le professeur Owen vient de donner le résultat de re- « cherches concernant l'ostéogénie de l'embryon des oiseaux, « montrant le nombre des vertèbres qui correspondent aux « vertèbres antérieures caudales de l'*Archæopterix*. Celles-là « se soudent au bassin dans le cours de l'accroissement; il a « montré en même temps le degré de ressemblance que « conservent, avec les caudales postérieures de l'*Archæop-* « *terix*, ces mêmes vertèbres dans les oiseaux à ailes rudi- « mentaires. Ainsi on peut compter 18 à 20 vertèbres « caudales dans la jeune autruche. Dans l'*Archæopterix*, la

« séparation embryonnaire persiste avec accroissement pareil « de l'individualité des vertèbres caudales, comme on l'ob- « serve ordinairement dans les vertébrés à longue queue, « reptiles ou mammifères.

« La modification et la spécialisation des os terminaux de « la colonne épinière, chez les oiseaux de l'époque actuelle, « est très-analogue à celle qui arrive à la longue dans la « queue étroite et très-articulée des embryons de poissons « de l'époque actuelle, c'est-à-dire dans la forme symétrique, « courte et cachée, par coalescence, des vertèbres termi- « nales en un os comprimé, lamelliforme comme les os en « soc de charrue des oiseaux et auquel s'applique le terme de « *homocercal* (poissons homocerques), et qui a été arrêté « dans les poissons paléozoïques et plusieurs mésozoïques « (poissons hétérocerques). Ainsi on peut discerner, dans « le principal caractère différentiel de l'oiseau mésozoïque, « la persistance de structure qui est embryonnaire et tran- « sitoire dans les représentants actuels de la classe, on y voit « conséquemment un rapport étroit avec le type général des « vertébrés.

« Les parties les moins équivoques du présent fossile dé- « montrent que c'est un oiseau, avec de rares particularités « indiquant un ordre distinct dans cette classe. Quoique la « tête soit absente, on peut prédire, d'après la loi des cor- « rélations, une bouche en forme de bec ; vu la présence du « plumage; on peut encore en inférer la présence d'un « sternum large et caréné, en corrélation avec les autres or- « ganes emplumés du vol. »

## II. SUR LA NATURE DES APTYCHUS.

Les *Aptychus* (Meyer) se rencontrent en grand nombre dans les terrains jurassiques et crétacés; mais ne sont nulle part mieux conservés qu'à Solenhofen, dans les mêmes calcaires lithographiques dont nous venons de parler, comme renfermant de si précieuses dépouilles d'animaux vertébrés.

Ces corps, n'ayant presque aucune analogie de forme avec les êtres vivants de notre époque, et se présentant dans des conditions tout-à-fait spéciales de gisement, identiques aux divers niveaux, ont frappé vivement la curiosité : on a cherché tout naturellement à savoir de quelle classe d'invertébrés on pourrait les rapprocher.

Sous ce rapport, les hypothèses ont été leur train, et ces pauvres *Aptychus* ont été ballottés dans toutes les classes d'invertébrés, avec des raisons plus ou moins spécieuses. Certains auteurs sont allés même jusqu'à les regarder comme étant des dents palatines de poissons cartilagineux.

Parmi les opinions inadmissibles, se présente tout d'abord celle de Schlotheim et de Parkinson, qui les ont pris pour des coquilles de Lamellibranches, et les ont réunis au genre *Trigonellites*. M. d'Orbigny prétend (p. 254 du 1er. volume de son *Cours élémentaire de paléontologie)* que mon père les considère également comme des coquilles de Lamellibranches ; mais c'est une supposition toute gratuite, car mon père dit (1) que ces coquilles ne lui semblent pas se rapprocher des Lamellibranches, mais au contraire pouvoir se lier aux fossiles singuliers qu'il décrit plus loin (2) sous le nom de *Teudopsis*, et qu'il rapproche des *Calmars ;* seulement, n'ayant pu consulter l'ouvrage de M. Meyer, il donnait à ces corps le nom de *Münsteria.* Cette assertion de M. d'Orbigny est d'autant plus étrange, qu'à la page suivante de son même volume, c'est-à-dire p. 255, il s'élève contre la réunion des

(1) 1835. Eudes-Deslongchamps, Mémoire sur les coquilles fossiles du genre *Münsteria*, Ve. volume des *Mémoires* de la Société Linnéenne de Normandie, p. 64.

(2) *Id.*, p. 68.

*Aptychus* aux *Teudopsis*, c'est-à-dire contre les idées de M. Eudes-Deslongchamps.

Une opinion tout aussi peu acceptable que celle de M. Bourdet, de la Nièvre, et de Sowerby, qui regardaient les *Aptychus* comme des dents de poissons, est celle de M. d'Orbigny lui-même; c'est-à-dire que ce sont des Cirrhipèdes, en un mot des *Anatifes à deux valves.*

*Anatife bivalve !* Voilà deux mots qui *jurent* ensemble, et j'espère bien démontrer que l'opinion de M. d'Orbigny (qui l'a du reste prise de Scheuchzer et Knorr) ne peut supporter un sérieux examen. M. d'Orbigny s'appuie sur la forme triangulaire des deux grandes valves des Anatifes, offrant par leur réunion un bâillement très-prononcé pour laisser sortir les bras; mais il n'existe aucune espèce de bâillement analogue dans des *Aptychus* que l'on voudrait réunir à la façon des valves d'une Anatife. Les deux valves se rejoignent et coïncident parfaitement. Supposons un instant les Anatifes réduites à leurs deux grandes valves et faisons abstraction des autres, ces valves montrent, sur l'un des bords, une sorte de biseau naissant brusquement d'une carène obtuse qui délimite la portion libre, où le manteau largement ouvert permet le passage des bras. Dans les *Aptychus*, cette même portion est arrondie d'une manière uniforme. Quant aux facettes coupées à angle droit et qu'on observe à la base et en-dedans des *Aptychus*, cela ne prouve en rien qu'elles aient dû servir pour l'insertion d'un pédoncule: cela prouve tout simplement que, par ces points, les *Aptychus* étaient en rapport avec des portions charnues de l'animal, et ne peut servir qu'à une seule chose, exclure complètement l'idée d'un acéphale lamellibranche.

Quant à la composition poreuse et aux lignes internes de certains *Aptychus*, sur lesquelles s'appuie M. d'Orbigny pour montrer une sorte d'analogie avec la carapace des *Cypris*, c'est peut-être un point de vue spécieux, mais qui n'implique qu'une ressemblance fortuite. Et que serait-ce donc s'il fallait juger les coquilles et autres productions fossiles d'après de simples apparences extérieures? Il est d'ailleurs un autre caractère qui anéantit toutes ces conceptions de l'imagination, alléguées pour le besoin de la cause. Le test des Anatifes et la carapace des *Cypris* et autres crustacés sont dus à un encroûtement de carbonate et de phosphate de chaux, qui n'admet qu'une seule couche pierreuse; les *Aptychus*, au contraire, comme la plupart, et je pourrais dire tous les mollusques, sans en excepter même les Brachiopodes, ont leur test formé de deux couches distinctes, plus ou moins étendues, et d'une composition à tel point différente qu'elles ne résistent pas également aux agents dissolvants auxquels les fossiles sont exposés.

Arrivons maintenant à une autre série de faits plus concluants, et auxquels M. d'Orbigny accorde volontiers et avec raison la préférence, c'est-à-dire aux habitudes des animaux qui peuvent se déduire rationnellement de leur caractère morphologique, et aux conditions de leur enfouissement. On peut presque toujours, d'après ces données, reconnaître, au moins en partie, quelles étaient les habitudes de ces animaux, la profondeur où ils vivaient, en un mot leurs conditions d'existence.

Il n'est pas nécessaire de risquer sa vie pour connaître les habitudes des Anatifes: on n'a qu'à se transporter dans un port de mer, et l'on y voit souvent soit des pièces de bois flottantes, soit des navires tout couverts de Cirrhipèdes pédonculés, Anatifes, Pollicipes ou autres, que les habitants du littoral appellent des pousse-pieds, et sur lesquels courent des légendes plus ou moins absurdes (1). On peut donc très-

(1) Entre autres, que ces coquilles donnent naissance aux macreuses,

facilement être édifié sur la façon dont vivent les Anatifes : elles accaparent toute espèce de corps flottant qu'elles rencontrent, l'envahissent en entier et arrivent ainsi assez fréquemment au rivage portées par les courants, le vent ou la marée.

Quant à des coquilles de Spirules toutes couvertes d'Anatifes, je n'ai pas été sous les Tropiques, par conséquent je n'ai pu vérifier ce fait ; mais je ne m'explique pas bien comment une coquille aussi fluette aurait pu supporter le poids d'une Anatife sans couler au fond de l'eau ; je me demande même comment une Anatife, parvenue à sa croissance, pourrait trouver assez de place sur une Spirule pour y appliquer son pédoncule.

M. d'Orbigny prétendait expliquer ainsi la présence des *Aptychus* dans la dernière chambre d'une ammonite : j'avoue que j'aurais beaucoup mieux compris que la surface extérieure de l'ammonite fût toute couverte d'*Aptychus*, que de voir la dernière chambre en renfermer un seul. D'un autre côté, comme les ammonites, corps flotteurs par excellence, sont arrivés au rivage en quantité immense dans certains points, comment se fait-il que précisément dans ces points là, où les ammonites sont arrivées vides, couvertes de serpules, d'huîtres, de petites plicatules, etc. ; comment expliquer, dis-je, que les *Aptychus* soient tout-à-fait absents ou bien d'une rareté désespérante ? Ce serait pourtant sur de pareils rivages que les *Aptychus* devraient être couchés par milliers et sur le côté, c'est-à-dire les valves fermées au milieu des corps flottants qui les auraient transportés. Je ne vois donc pas que la *comparaison zoologique et les faits généraux d'observation viennent ici se corroborer pour*

c'est-à-dire à certaines espèces de canards qui ne quittent guère la mer et que nos matelots décorent du nom d'amphibies.

*éclaircir la question :* je vois, au contraire, que les *Aptychus* sont ABSENTS LA OU ILS DEVRAIENT ÊTRE PRÉSENTS pour donner raison à l'hypothèse de M. d'Orbigny.

Une dernière observation vient complètement, ce me semble, infirmer les conclusions du célèbre paléontologiste ; en effet, dans certaines localités où la sédimentation s'est opérée avec une tranquillité extrême, où les animaux morts sur place ou échoués à l'état de cadavre n'ont nullement été dérangés, où les astéries, les comatules, les crustacés, les poissons, les reptiles montrent leurs moindres tentacules conservées, leurs pièces les plus délicates non dérangées, leurs écailles et leurs os en rapport parfait ; là où par conséquent rien n'a été dérangé depuis la mort et l'enfouissement des êtres qui avaient animé ces rivages, à Solenhofen, à Pappenheim, à Boll, etc., les *Aptychus* sont nombreux, comme les autres corps organisés ; ils devraient donc être couchés sur le côté, leurs deux valves fermées ; à leur intérieur, on devrait retrouver des traces de ces bras enroulés en crosse, dont la nature est bien assez calcaire pour s'être conservée ; puisque des plumes, des tendons et autres parties plus molles encore ont bien laissé des empreintes parfaites, comme celles de la queue et des ailes de l'*Archæopterix*. Eh bien ! rien de semblable n'a lieu : les *Aptychus* ont effectivement presque toujours leurs valves en rapport, mais comment ? Elles sont toutes, ou bien disposées à plat l'une à côté de l'autre, sans que la symétrie soit dérangée en quoi que ce soit, ou bien logées dans l'intérieur de la dernière chambre d'une ammonite, la même toujours dans chaque espèce et toujours aussi la grandeur de l'*Aptychus* renfermé est proportionnée à celle de l'ammonite qui le contient.

J'arrive maintenant à une opinion toute différente de celle de M. d'Orbigny. Le créateur de ce genre, M. H. de Meyer, regarde les *Aptychus* comme étant des coquilles intérieures de mollusques. M. Coquand (1) les considère comme se rapprochant des *Teudopsis*, en faisant des deux valves un seul tout analogue à l'osselet intérieur des Calmars. Cette manière de voir se rapproche beaucoup de celle qui est adoptée par la majorité des paléontologistes.

Je ne crois pas, toutefois, qu'on puisse se ranger à l'opinion de M. Coquand : les *Aptychus* offrent en effet une structure différente de celle des divers osselets des Céphalopodes dibranches, tels que la Seiche, les Calmars, les *Geotheutis*, les *Teudopsis*, les *Belemnites*, etc. Comment d'ailleurs expliquer, dans ce cas, leur présence à l'état normal, dans l'intérieur de la dernière chambre des ammonites et seulement de celles de la section des *Arietes ?*

Une dernière opinion est celle qui considère les *Aptychus* comme ayant été une partie constituante de l'animal des Ammonites, et destinée à soutenir et à renforcer, dans ces Céphalopodes, l'organe musculeux auquel on a donné, dans le *Nautile flambé*, le nom de pied ou capuchon. C'est ce qu'ont pensé MM. Ruppel, Voltz, Morris, Moore, Woodward et un grand nombre de paléontologistes et surtout M. Quenstedt, cet observateur si consciencieux, qui ne laisse rien échapper de son Jura Würtembergeois, sans en faire une étude profonde; ce maître, dont toute l'Allemagne suit avec raison la méthode positive. M. Quenstedt, dis-je, est celui qui a surtout popularisé cette idée que je crois conforme à la vérité, à savoir que les *Aptychus* étaient une partie intégrante de l'animal des Ammonites. Il allait même plus loin : comparant ces corps à ceux qui ferment la coquille des Gastéropodes, il a osé donner aux *Aptychus* le nom d'*opercules d'Ammonites.*

(1) C'était aussi l'opinion de mon père lorsqu'il commença l'étude de ces animaux, pour lesquels il avait créé le genre *Münsteria.*

C'est peut-être s'avancer un peu trop : les *Aptychus* ne peuvent être en réalité assimilés à des opercules, et je pense qu'ils devaient être enchâssés au milieu des chairs, recouverts peut-être d'une peau très-mince ou d'une simple membrane. Cette manière de voir est aussi celle de M. Deshayes, notre grand conchyliologiste, et l'autorité d'un pareil nom, qui fait force de loi, est d'un grand poids dans cette discussion et appuie victorieusement les raisons que j'ai énumérées plus haut, et auxquelles il me paraît impossible de répondre d'une façon satisfaisante.

Je retracerai ici les raisons qui me paraissent surtout convaincantes :

1°. A Boll, à Ilminster, à Vassy, à Solenhofen, etc., on rencontre fréquemment, dans l'intérieur de la dernière chambre des ammonites, un *Aptychus*, toujours le même pour des formes identiques et, dans ces localités, l'examen des circonstances qui ont présidé à la sédimentation prouve que les animaux ont vécu sur place, et que par conséquent il serait impossible d'admettre qu'un corps étranger fût venu se loger ainsi au milieu des parties charnues d'un animal, et surtout que, parmi un nombre assez grand de formes, la nature eût choisi constamment la même forme d'*Aptychus* pour la même espèce d'ammonite.

On a répondu à cela qu'un grand nombre d'ammonites de ces localités n'en renferment point, et que par conséquent, si l'*Aptychus* eût été partie constituante de l'*Ammonite*, tous les échantillons devraient en offrir, l'animal étant mort sur place. C'est une objection non concluante ; en effet, si l'on veut se donner la peine de suivre mon opinion, on verra que l'*Aptychus*, étant à peine adhérent aux téguments, a dû se détacher et tomber aussitôt après la mort de l'animal ; l'ammonite peut donc être à deux pas, tout à côté de son *Aptychus* sans que celui-ci soit nécessairement logé dans son intérieur : il suffit pour cela de quelques heures, pendant lesquelles la putréfaction a eu le temps d'agir même légèrement ; aussi, dans ce cas-là, nous retrouvons des *Aptychus* libres, mais aussi, dans ce cas-là, leurs valves sont en rapport ; elles sont tombées sur la vase dans leurs rapports naturels, c'est-à-dire les deux valves ouvertes, jamais fermées. Au contraire, dans les localités où les animaux ne se présentent pas avec leurs pièces en rapport, où par conséquent ils ont été disloqués avant leur dépôt, on ne trouve jamais les *Aptychus* qu'en valves détachées.

2°. La taille de l'*Aptychus* renfermé est toujours en rapport avec celle de l'*Ammonite* qui le loge.

3°. La même espèce d'*Aptychus* accompagne constamment la même espèce d'*Ammonite.*

4° Certaines formes d'ammonites renferment des *Aptychus*, d'autres n'en contiennent jamais ; rien n'est plus facile à expliquer. Les *Arietes* seules avaient des *Aptychus* calcaires. Qu'y a-t-il d'étonnant à cela ? Dans les autres ils pouvaient aussi exister ; mais leur nature a dû être cornée ou cartilagineuse, et ils ne se sont pas conservés par la fossilisation. Cela n'est pas plus surprenant que les opercules, calcaires dans les *Turbos*, cornés dans les *Trochus.*

5°. Les ammonites à *Aptychus* n'en renferment jamais qu'un seul et toujours avec ses deux valves. Si c'eût été un corps étranger, elles en renfermeraient souvent plusieurs, ou bien une seule valve, et l'espèce renfermée n'aurait aucun rapport d'association avec la coquille. On a dit qu'on avait rencontré plusieurs *Aptychus* dans la dernière loge d'une ammonite. Je n'ai, pour ma part, jamais vu ce fait ; mais il peut encore s'expliquer, car à Boll, à Vassy, à Solenhofen, les ammonites sont généralement écrasées et réduites à la minceur d'une feuille de papier. Deux ammonites, ou même davantage, sont souvent l'une au-dessus de l'autre et comme pénétrées. On explique alors aisément l'apparence de deux, trois ou même d'un plus grand nombre d'*Aptychus* paraissant ainsi logés dans une seule ammonite, quand en réalité il y a plusieurs ammonites superposées : c'est grâce à une circonstance analogue que j'ai entendu dire qu'on avait vu des ammonites à plusieurs siphons. Personne pourtant ne voudrait, je pense, soutenir sérieusement une pareille opinion.

6°. Lorsque les ammonites sont mortes, elles continuent (1) ou plutôt commencent à flotter et viennent au rivage en nombre immense; il est certain que si l'on rencontrait un grand nombre d'*Aptychus* dans ces points littoraux, où les ammonites vides sont venues s'échouer, il serait difficile d'admettre que les *Aptychus* auraient été des parties constituantes de l'animal, puisque ces ammonites vides ne doivent renfermer aucune partie molle, à plus forte raison une pièce aussi facile à détacher. Or, dans tous les points où précisément les ammonites sont dans ce cas, les *Aptychus* sont ou tout-à-fait absents ou d'une rareté excessive.

7°. On n'a jamais rencontré d'*Aptychus* que dans les terrains de même âge que ceux où pullulent les ammonites; il n'y a pas d'*Aptychus* triasiques, il n'y en a pas de tertiaires,

(1) Lorsque les Ammonites vivaient, elles devaient, si l'on en juge par leurs proches parentes les Spirules, rester au fond des eaux, et ne devaient flotter, comme ces dernières, qu'après leur mort. C'est cette circonstance qui explique la rareté excessive de l'animal de la *Spirule* ; en effet, on n'en cite que trois ou quatre exemples, encore ces animaux étaient-ils en putréfaction lorsqu'on les a recueillis, tandis que certains points des rivages de l'Amérique et de l'Australie ne sont formés que d'une accumulation de coquilles de Spirules qui sont venues s'échouer après avoir flotté, mais dénuées des portions charnues. On s'est fait en général une idée très-fausse des habitudes des Céphalopodes, et la plupart du temps, ce qui a été écrit à ce sujet est complètement erroné.

ils appartiennent exclusivement aux terrains jurassiques et crétacés ; on en a bien cité dans le terrain carbonifère, mais là aussi se rencontrent des goniatites, et les goniatites, si voisins à tous égards des ammonites, peuvent fort bien avoir été pourvus aussi d'*Aptychus*.

8°. On a dit enfin que certaines couches marneuses et à sédiments très-fins renfermaient des quantités immenses d'*Aptychus*, entr'autres l'oxfordien et le néocomien ; et qu'au contraire, dans ces mêmes couches, les ammonites étaient d'une rareté excessive ou même faisaient complètement défaut ; on en a conclu que ces corps ne pouvaient appartenir au même animal. C'est là, ce me semble, l'argument le plus péremptoire en faveur de notre opinion : en effet, les ammonites, comme les autres corps flottants, habitent au large et jamais près des côtes ; peut-être même que les ammonites, de même que les nautiles, se tiennent dans les profondeurs et ne nagent que fort rarement à la surface des eaux. C'est donc dans les endroits profonds, prouvés par des sédiments fins et à l'abri des courants, qu'ont habité nos coquilles. Tant que l'Ammonite a vécu, l'*Aptychus* est resté en place ; mais aussitôt que la bête est morte, la putréfaction a fait tomber l'opercule, la coquille vide de son animal est remontée à la surface, a vogué ensuite plus ou moins long-temps et, en fin de compte, est venue s'échouer loin du point où elle est morte, loin du point où sont tombés les débris de l'animal. Par conséquent, pour résumer ces faits, disons qu'il est impossible de rencontrer les restes testacés des ammonites là où se sont déposés les *Aptychus*, ni de rencontrer les *Aptychus* là où se sont échouées les ammonites ; exceptons toutefois les circonstances tout exceptionnelles où les ammonites ont été enfouies aussitôt après leur mort, peut-être même pendant leur vie, et ces endroits-là, qui nous ont permis de reconstituer dans leur ensemble tant d'animaux singuliers, tant de créatures tout-à-fait dissemblables avec celles de notre époque, ces localités-là, ce sont Solenhofen, Pappenheim, le Bugey, Curcy, La Quaine, Ilminster, Lyme-Regis, Witby, etc., etc.

Pour terminer cette longue discussion, il faut encore ajouter une explication derrière laquelle se sont rejetés ceux qui veulent à toute force que les *Aptychus* n'aient pas appartenu en propre à l'animal des Ammonites : on a dit que les *Aptychus* étaient les carapaces d'animaux parasites ayant habité dans l'intérieur des chairs du Céphalopode, soit avant, soit après la mort. Il est difficile de rejeter absolument une pareille opinion. Dans ce cas, il aurait fallu que chaque espèce d'ammonite eût son parasite particulier : rien ne s'oppose à une pareille idée ; ce fait serait, dans tous les cas, aussi étrange pour le moins que celui d'un opercule bivalve. Rien, dans la nature actuelle, ne peut autoriser une pareille supposition et un tel parasite ne ressemblerait en rien à ceux que nous connaissons ! Cette opinion me paraît donc très-peu probable ; mais elle ne manque pas d'une certaine vraisemblance et vaudrait, dans tous les cas, mieux que celle qui prétend faire des Cirrhipèdes à deux valves !

On pourra trouver présomptueux, de la part d'un homme qui n'a pas de nom dans la science, de combattre ainsi à outrance l'opinion d'un paléontologiste qui fait loi pour un grand nombre de savants. Je déplore tout le premier cette nécessité où je me trouve, et malheureusement je ne suis pas le seul à relever ce que je regarde comme une erreur : je suis et je serai toute toute ma vie, du parti de la vérité ; les erreurs d'un savant illustre sont d'autant plus dangereuses qu'elles entraînent l'opinion d'un grand nombre de ceux qui jugent *in verba magistri*, et dont la devise est : *Le maître l'a dit ;* il faudrait que les maîtres fussent infaillibles. Personne plus que moi n'apprécie les services que d'Orbigny a rendus à la paléontologie ; ses nombreux ouvrages seront toujours une base d'où il faut partir, et si les travaux de d'Orbigny n'existaient pas, il resterait une immense lacune dans la science ; mais c'est à une condition, c'est que toutes ses déterminations spécifiques ou génériques, ses observations générales seront scrupuleusement révisées et contrôlées. D'Orbigny embrassait un immense horizon, travaillait vite ; ses convictions se faisaient rapidement, il n'avait pas le temps d'attendre. Combien de rectifications n'ont pas déjà été signalées ! Combien d'erreurs reconnues sur les Polypiers, les Bryozoaires, les Brachiopodes, les Gastéropodes et les Céphalopodes ! On peut dire qu'il n'était pas heureux dans ses rapprochements ! Les Rudistes qu'il réunit aux Brachiopodes, les *Aptychus* dont il fait des Cirrhipèdes, etc. !

Si cette note pouvait suffire, pour montrer aux disciples trop confiants une erreur du maître, j'aurais atteint mon but ; enfin, mon sentiment sur les travaux de d'Orbigny sera toujours : *admiration*, mais *examen.*

## III. SUR UNE NOUVELLE ESPÈCE DE *PELTARION* RECUEILLIE DANS L'ÉTAGE OXFORDIEN.

Pl. V, fig. 1, 2.

Mon père et moi avons établi, en 1858, pour des corps très-singuliers que nous supposons avoir appartenu à quelque Céphalopode inconnu, le genre *Peltarion* (1), dont nous avons décrit deux espèces de la partie supérieure du lias moyen (couche à *Leptæna)*, sous les noms de *Peltarion unilobatum* et *bilobatum.* Une troisième est figurée par

(1) Voir page 48 du III^e^. volume du *Bulletin* de la Société Linnéenne de Normandie, Mémoire sur la couche à *Leptæna*, par MM. Eudes-Deslongchamps et Eugène Deslongchamps.

Quenstedt comme provenant du coral-rag de Würtemberg, mais sans nom, et la figure est d'ailleurs trop imparfaite pour qu'on puisse reconnaître autre chose que le genre. Je viens ajouter à cette liste peu nombreuse une nouvelle espèce bien caractérisée, dont je dois la connaissance à M. Moreau, de St.-Mihiel, qui l'a recueillie dans l'étage oxfordien du département de la Meuse.

PELTARION MOREAUSI (*E. Desl.*), *nov. sp.*

DIAGN. *Pièce transversalement ovalaire, offrant deux faces, supérieure et inférieure. Face supérieure montrant en avant une large portion concave, fortement marquée de stries concentriques, parallèles à la ligne marginale, et en arrière une partie renflée et lisse, sans lobe médian bien sensible. — Face inférieure semblable à celle du Peltarion unilobatum.*

Dimensions : longueur, 12 millimètres ; largeur, 16 millimètres.

*Obs.* Le *Peltarion Moreausi* offre les plus grands rapports avec le *Pelt. unilobatum ;* il en diffère en ce que la partie postérieure est beaucoup plus épaisse, entièrement unie, à courbure uniforme et sans trace du lobe médian, qui caractérise les *Pelt. unilobatum* et *bilobatum ;* la partie antérieure est aussi, dans notre nouvelle espèce, bien plus creusée que dans les deux anciennement connues ; on doit d'ailleurs noter, dans de pareilles pièces, les différences les plus légères, qui suffisent alors pour caractériser des espèces : les *Peltarions* n'étant probablement que des corps analogues aux *Beloptera*, aux *Rhyncholites*, etc., des pièces très-semblables entr'elles ont très-bien pu appartenir à des animaux tout-à-fait différents.

*Hab.* Le *Peltarion Moreausi* a été recueilli par M. Moreau, dans la partie supérieure de l'étage oxfordien du département de la Meuse, où l'espèce doit être fort rare, puisqu'on n'a encore rencontré que le seul individu figuré ici. Je me fais un vrai plaisir de la dédier à M. Moreau, auquel je suis redevable d'une très-belle série de Patelles et autres genres voisins, que je décrirai dans la *Paléontologie française*, lorsque M. Piette aura enfin terminé la partie qui le regarde dans la description des Gastéropodes jurassiques.

### Explication des figures.

Pl. I, fig. 1. *Peltarion Moreausi* (E. Des[l].). Grandeur naturelle.
— fig. 2 *a*, *b*. Le même, grossi.

## IV. SUR UNE NOUVELLE ESPÈCE D'*OSCABRION* (CHITON LIASINUS) DU LIAS MOYEN DE LA NORMANDIE.

Pl. V, fig. 4.

Depuis que M. Terquem a signalé la présence du genre *Oscabrion* dans le lias moyen des environs de Thionville, les recherches incessantes, continuées avec persévérance par les paléontologistes normands, dans la localité si remarquable de May, près Caen, ont amené la découverte d'une seconde espèce liasique beaucoup plus grande que le *Chiton Deshayesi*, et que mon père a décrite sous le nom de *Chiton Terquemi* (1). Je viens y ajouter une troisième espèce que j'ai recueillie dans la même localité et dans le même étage, au printemps de l'année dernière.

Nous venions, M. Morière et moi, de mettre au jour une

(1) Voir *Bulletin* de la Société Linnéenne de Normandie, t. IV, p. 13, pl. I, fig. 1, 2.

de ces poches à Gastéropodes si remarquables, dont j'ai eu souvent à entretenir les lecteurs du *Bulletin*, lorsqu'au milieu d'une foule de fossiles de la plus belle conservation, dont plusieurs étaient nouveaux pour la faune du lias, j'aperçus avec un vif sentiment de satisfaction deux valves d'un très-bel *Oscabrion*, dont les caractères étaient des plus tranchés ; un instant après, M. Morière recueillait une troisième valve, un peu plus grande que les deux autres, mais appartenant incontestablement à la même espèce.

M. Terquem a bien voulu me confier les échantillons qui lui ont servi pour établir son *Chiton Deshayesi*, et pour mieux faire saisir les rapports et différences des trois espèces liasiques, je les ai figurées à côté les unes des autres dans la pl. V qui accompagne ces notes. Ces trois *Oscabrions* offrent tous une partie médiane triangulaire et deux parties latérales. Dans le *Chiton Terquemi*, la partie médiane est entièrement lisse; dans les deux autres, au contraire, elle est ornée de lignes longitudinales enfoncées, très-nombreuses et comme granulées dans le *Chiton Deshayesi ;* dans notre nouvelle espèce, ces lignes longitudinales sont beaucoup moins nombreuses, non granulées et bien plus accusées. Sur les parties latérales, les ornements sont aussi très-différents : ces trois espèces sont donc faciles à distinguer par leur taille, leur forme générale, et enfin par leurs ornements extérieurs. Voici, du reste, une description succincte de ces trois espèces :

### CHITON DESHAYESI (*Terq.*), 1852.

Pl. V, fig. 5

SYN. 1852. *Chiton Deshayesi* (Terq.). *Bulletin de la Société géologique de France*, t. IX, 2ᵉ. série, p. 387.

DIAG. *Valves deux fois aussi larges que longues, assez*

*élargies d'arrière en avant, divisées en trois portions triangulaires bien distinctes par deux lignes obliques enfoncées, s'étendant depuis le sommet jusqu'aux bords. Partie médiane très-échancrée en avant, marquée de très-nombreuses lignes longitudinales granuleuses, coupées, principalement vers les bords, par des lignes d'accroissement bien marquées. Parties latérales ornées de lignes obliques très-nombreuses, granulées, également coupées par des lignes d'accroissement bien marquées. Sommet obtus.*

Dimensions : longueur, 4 millim. 1/2 ; largeur, 11 millim.

*Hab.* Lias moyen de Thionville. A. C.

Pl. V, fig. 5. *Chiton Deshayesi* (Terq.). Valve entière, grossie, vue par l'extérieur (Collection de M. Terquem). Un trait indique la grandeur naturelle.

### CHITON TERQUEMI (*Desl.*), 1859

Pl. V, fig. 3.

SYN. 1859. *Chiton Terquemi* (Desl.). *Bulletin de la Société Linnéenne de Normandie*, t. IV, p. 16, pl. I, fig. 1, 2.

DIAG. *Valves près de trois fois plus larges que longues, assez étroites d'arrière en avant, divisées en trois parties triangulaires bien distinctes par deux lignes obliques enfoncées, s'étendant depuis le sommet jusqu'aux bords. Partie médiane triangulaire, arrondie en avant, lisse et n'offrant que de très-légères lignes d'accroissement. Parties latérales marquées de sillons assez profonds, rayonnant du sommet jusqu'aux bords latéraux, croisés par des lignes d'accroissement nombreuses, plus développées vers les côtés. Sommet assez aigu.*

Dimensions : longueur, 9 millim. ; largeur, 24 millim.

*Hab.* Lias moyen de May (Calvados). T. R.

Pl. V, fig. 3. *Chiton Terquemi* (Desl.). Valve entière, grossie, vue par l'extérieur (ma collection). Un trait indique la grandeur naturelle.

### CHITON LIASINUS (*E. Desl.*), *nov. sp.*

Pl. V, fig. 4.

DIAG. *Valves quatre fois plus larges que longues, étroites d'arrière en avant, divisées en trois parties triangulaires bien distinctes par deux lignes obliques enfoncées, s'étendant depuis le sommet jusqu'aux bords. Partie médiane triangulaire, très-échancrée en avant, ornée de stries longitudinales profondes, assez nombreuses, moins prononcées sur la partie moyenne que sur les côtés. Parties latérales marquées d'un petit nombre de sillons très-profonds, rayonnant du sommet jusqu'aux bords latéraux, dichotomes vers les bords, croisés par des lignes enfoncées très-fortes, ce qui donne à l'ensemble un aspect crénelé. Sommet obtus et légèrement échancré.*

Dimensions : longueur, 4 millim. 1/2 ; largeur, 17 millim.

*Hab.* Lias moyen de May (Calvados). T. R.

Pl. V, fig. 4. *Chiton liasinus* (Eug. Desl.). Valve entière, grossie, vue par l'extérieur (ma collection). Un trait indique la grandeur naturelle.

## V. SUR DES PATELLIDÉES ET BULLIDÉES NOUVELLES DES TERRAINS JURASSIQUES.

### PATELLA SQUAMMULA (*Eug. Desl.*), *nov. sp.*

Pl. V, fig. 6, 7.

DIAG. *Coquille assez grande, conique, à base ovale, à sommet élevé, subcentral, très légèrement infléchi, un peu concave en arrière et légèrement convexe en avant. Surface à peu près lisse sur les côtés, mais marquée, sur les parties antérieure et postérieure, de squammes peu profondes, disposées en lignes interrompues, occupant tout l'espace étendu depuis le sommet jusqu'à la base.*

Dimensions : longueur, 55 millim. ; largeur, 36 millim. ; hauteur, 25 millim.

*Obs.* Cette espèce est voisine des *Patella nitida* (Desl.), et *inornata* (Morr. et Lycett.) ; elle se distingue de la première par sa forme plus comprimée sur les côtés, et des deux par les squammules qui ornent la surface des régions antérieure et postérieure, et qui sont au contraire absentes sur les parties latérales. Cette ornementation, toute spéciale à cette coquille, la distingue au premier aspect de toutes les autres espèces connues. On rencontre la *P. squammula* à la partie inférieure de la grande oolithe proprement dite, que l'on désigne en plusieurs régions de la France sous le nom d'oolithe miliaire. Rare dans le Boulonais, elle paraît au contraire devoir être assez abondante aux environs de Langres, dans le département de la Haute-Marne, où M. de Ferry en a recueilli cinq échantillons très-bien conservés. Les *Patella nitida* et *inornata* se rencontrent également dans la grande oolithe. La première est spéciale à la partie supérieure (niveau des *Terebratula digona*, *cardium*, etc.) ; la seconde au niveau inférieur, caractérisé par les *Terebratula maxillata* et *Rhynchonella Hopkinsi* et *subtetraedra ;* c'est également le niveau des gros *Purpuroidea minax* et *Moreausi*. Une troisième espèce de Patelle, non encore décrite et très-voisine de forme de la *P. inornata*, appartient au coral-rag de l'est de la France.

*Hab.* Partie inférieure de la grande oolithe proprement dite (oolithe miliaire). Environs de Marquise (Boulonais), et de Langres (Haute-Marne).

Pl. V, fig. 6 *a*, *b*. *Patella squammula* (E. Desl.). Échantillon recueilli, aux environs de Langres, par M. de Ferry (ma collection).

— Fig. 6 *c*. Portion grossie de la partie antérieure du test.

— Fig. 7. Échantillon plus petit, recueilli à Marquise (Pas-de-Calais), par M. de Bauduyt (ma collection).

## Emarginula nobilis (*Eug. Desl.*), *nov. sp.*

Pl. V, fig. 8.

*Coquille très-grande pour le genre, un peu comprimée sur les côtés, à base ovale-allongée, à sommet très-élevé, assez recourbé, se terminant en pointe fine, atteignant, par sa projection sur la base, au cinquième environ de la longueur de celle-ci. Surface ornée de grosses côtes rayonnantes carrées, s'étendant depuis le crochet jusqu'aux bords. Entre les intervalles des côtes principales se voient des surfaces aplaties, ornées chacune sur leur partie médiane d'une côte secondaire étendue depuis le sommet jusqu'à la base, et coupée en travers par une multitude de stries profondes, ce qui donne à l'ensemble un aspect treillissé fort élégant. Bandelette de l'entaille très-saillante au-dessus de la surface générale, bordée de chaque côté par une côte aiguë fort élevée, et creusée en son centre d'un sillon profond, crénelé. Entaille assez grande, étroite, atteignant environ au tiers de la hauteur totale.*

Dimensions : longueur de la base, 18 millim. ; largeur de la base, 13 millim. 1/2 ; hauteur de la coquille, 12 millim. 1/2.

*Obs.* Cette coquille est une des plus grandes du genre : sa taille la distinguera donc facilement des autres espèces jurassiques, qui ne dépassent guère 5 millimètres. La forme de la bandelette annoncerait plutôt une *Rimule ;* mais j'ai pu constater sur plusieurs échantillons que l'entaille était toujours béante, et ne se refermait pas en avant comme dans ce dernier genre. L'*Emarginula nobilis* a été découverte par M. Perrier, dans les couches à Gastéropodes du lias moyen, à May (Calvados), dans une petite poche du grès silurien, qui nous a fourni plus de 800 individus de Gastéropodes et de Polypiers dans un état parfait de conservation. Cette espèce y est fort rare : M. Perrier en a recueilli toutefois cinq échantillons, dont deux complets ; c'est l'un de ces derniers que je figure ici et dont il a bien voulu, avec son obligeance si connue, enrichir ma collection.

*Hab.* Lias moyen de May (Calvados). T. R.

Pl. V, fig. 8 *a, b.* *Emarginula nobilis* (E. Desl.). Grandeur naturelle de la couche à Gastéropodes du lias moyen de May (Calvados).

— Fig. 8 *c.* La même, grossie, vue par le dos.

### BULLA LIASINA (*Eug. Desl.*), *nov. sp.*

Pl. V, fig. 9.

DIAG. *Coquille très-globuleuse, imparfaitement connue,*

*à dernier tour très-grand, les autres au contraire très-petits. Spire complètement cachée par le développement des tours, rentrant dans l'intérieur.*

Dimensions : longueur, 19 millim. ; largeur, 15 millim.

*Obs.* Cette espèce, que nous ne connaissons que d'après un seul échantillon très-mutilé, demanderait, pour être bien connue, une étude approfondie faite sur de nombreux spécimens. Quoi qu'il en soit, celui que nous figurons ici suffit pour bien constater le genre Bulle dans le lias moyen, où il n'avait pas encore été annoncé. Je profiterai de cette occasion pour signaler encore, dans notre lias moyen, un autre genre, dont les plus anciens représentants reconnus jusqu'ici appartenaient à la grande oolithe, je veux dire le genre *Pileolus*, dont nous avons recueilli trois exemplaires d'une espèce nouvelle dans le même étage et la même localité.

*Hab.* Lias moyen de May (Couches à Gastéropodes). T. R.

Pl. V, fig. 9 *a*, *b*. *Bulla liasina* (E. Desl.). Grandeur naturelle.

BULLA ? FLOUESTI (*Eug. Desl.*), *nov. sp.*

Pl. V, fig. 10.

DIAG. *Coquille assez allongée, globuleuse en arrière, un peu comprimée sur les côtés, atténuée d'abord, puis enfin élargie vers la bouche, à surface légèrement onduleuse, marquée de lignes d'accroissement assez prononcées ; test excessivement mince. Dernier tour bien plus grand que les autres. Spire rentrant vers l'intérieur, mais à tours bien visibles et arrondis.*

Dimensions : longueur, 27 millim. ; largeur, 17 millim.

*Obs.* Jusqu'ici cette espèce, si elle appartient bien au

genre *Bulla*, serait la plus ancienne connue ; mais, comme le seul échantillon recueilli, quoique fort bien conservé, ne montre pas la forme de la bouche, on conçoit que nous devions être circonspect à ce sujet ; la forme est d'ailleurs plus élancée que dans toutes les Bulles connues : c'est donc encore une pierre d'attente que je ne signale ici que pour démontrer la présence des Bullidées dans les terrains les plus anciens de la période jurassique ; en effet, la *Bulla Flouesti* a été recueillie dans le lias inférieur à Gryphées arquées des environs de Sémur, par M. Flouest, procureur impérial près le Tribunal de cette ville ; et c'est pour moi un devoir et un plaisir de lui dédier cette espèce, remarquable à tous les égards et par sa forme et par sa station stratigraphique. Espérons que les géologues de Sémur, dont l'ardeur infatigable ne se ralentit jamais, retrouveront bientôt de nouveaux échantillons qui permettront de compléter cette description, en nous montrant la forme de la bouche et de la columelle de cette curieuse espèce.

*Hab.* Lias inférieur à Gryphées arquées des environs de Sémur. Un seul échantillon connu (Collection de M. Flouest).

Pl. V, fig. 10 *a*, *b*. *Bulla ? Flouesti* (Eug. Desl.). Grandeur naturelle.

Caen, typ. de A. Hardel.

www.ingramcontent.com/pod-product-compliance
Ingram Content Group UK Ltd.
Pitfield, Milton Keynes, MK11 3LW, UK
UKHW020219180726
13838UKWH00005B/2092